终 极 恐 龙

速度冠军

[英]鲁珀特·马修斯 / 著　龙彦 / 译

U0321115

长江出版传媒 ｜ 长江少年儿童出版社

图片来源

We would like to thank the following for permission to reproduce images: © Capstone Publishers pp. **4** (James Field), **5** (Steve Weston), **6** (Steve Weston), **7** (Steve Weston), **8** (James Field), **10** (James Field), **11** (James Field), **12** (James Field), **13** (Steve Weston), **14** (James Field), **16** (Steve Weston), **17** (James Field), **18** (Steve Weston), **19** (James Field), **20** (James Field), **21** (James Field), **22** (Steve Weston), **23** (James Field), **24** (James Field), **25** (Steve Weston), **26** (James Field), **27** (Steve Weston); © Miles Kelly Publishing p. **15** (Kevin Maddison); Shutterstock p. **29** (© Paul B. Moore).

图书在版编目（CIP）数据

速度冠军 / 〔英〕马修斯著；龙彦译. 一 武汉：长江少年儿童出版社，2014.11
（终极恐龙）
ISBN 978-7-5560-1244-2

Ⅰ . ①速… Ⅱ . ①马… ②龙… Ⅲ . ①恐龙 – 少儿读物 Ⅳ . ①Q915.864-49

中国版本图书馆CIP数据核字(2014)第195004号

速度冠军

[英] 鲁珀特·马修斯 / 著　龙彦 / 译
策划编辑 / 王卫　责任编辑 / 佟一　傅一新　王卫
装帧设计 / 李礼
美术编辑 / 李礼
出版发行 / **长江少年儿童出版社**
经销 / 全国 新华书店
印刷 / 广东广州日报传媒股份有限公司印务分公司
开本 / 787×1092　1/16　2 印张
版次 / 2014 年 11 月第 1 版第 2 次印刷（1412129）
书号 / ISBN 978-7-5560-1244-2
定价 / 15.00 元

World's Fastest Dinosaurs

Text © Capstone Global Library Limited 2012
All rights reserved.
This Simplified Chinese edition distributed and published by © Love Reading Information Consultancy (Shenzhen) Co., Ltd, 2014 with the permission of Capstone, the owner of all rights to distribute and publish.

本书中文简体字版权经Raintree授予心喜阅信息咨询（深圳）有限公司，由长江少年儿童出版社独家出版发行。

版权所有，侵权必究。

策划 / 心喜阅信息咨询（深圳）有限公司　咨询热线 / 0755-82705599　销售热线 / 027-87396822　http://www.lovereadingbooks.com

目录

正文中有些词语**加粗**了。
你可以去词汇表里查查它们的意思。

超级奔跑者

并不是所有的**恐龙**都长得又大、速度又慢。有些恐龙的速度非常快！猎手跑得快，就能抓住**猎物**。而跑得快的猎物，也能逃过猎手的追捕！奔山龙就跑得飞快，能逃过恐龙猎手的追捕。

 **太惊人了**

恐龙也有"幼儿园"！ 人们曾经发现过一处鹦鹉嘴龙的化石群。这个化石群中有 34 只小鹦鹉嘴龙和一只成年鹦鹉嘴龙。科学家们推测，鹦鹉嘴龙可能从成年群体中挑选一名"志愿者"来看护其他小恐龙。因此，这处被发现的化石群，很可能就是鹦鹉嘴龙的"幼儿园"。看来，恐龙并不是那么可怕，它们也是充满温情的动物呢。

奔山龙

黎明盗贼

　　猎手始盗龙是最早出现的恐龙种类之一，它生活在距今大约 2.3 亿年前，有将近 1 米长，跟现在的狗的大小差不多。

　　始盗龙跑得很快，经常去捕食小蜥蜴和小型**哺乳动物**。它的前腿非常短，前腿上的爪子可以抓住猎物，这样一来，它就有了一项特殊的本领：一边奔跑一边吃东西！

 太惊人了

　　一名乡村医生最早发现了恐龙的踪迹！ 1822年 3 月的一天，英国乡村医生曼特尔在妻子的帮助下得到了一些牙齿的化石，他觉得这些化石有些特别，于是请当时的一些著名学者帮他鉴定，但那些学者认为这只是哺乳动物的牙齿。曼特尔没有迷信权威，而是自己继续研究这些化石。终于，他得出结论，这些牙齿不属于哺乳动物，而是来自一种已经灭绝的、尚不为人们所知的爬行动物，即我们后来熟知的"恐龙"。

始盗龙

生活年代：**三叠纪**

生活地点：**阿根廷**

食性：**食肉**

体型：**将近 1 米长**

始盗龙

你知道吗？

"始盗龙"这个名字的意思就是"黎明盗贼"。

准备行动

　　跑得快的动物要想办法保持肌肉的温暖，这样它们才能准备好随时行动。科学家们认为，像似鸡龙这种跑得很快的恐龙，一般都长着又短又密的羽毛，这些羽毛能帮助它们保持温暖。似鸡龙一旦奔跑起来，速度能达到 56 千米 / 小时，比现在的长颈鹿还跑得快呢！

 是真还是假?

　　似鸡龙曾经上过电影。

　　是真的。在美国电影《侏罗纪公园》中，一群奔跑的似鸡龙穿越一片平原，拼命逃离暴龙的追捕，而最终还是有一只似鸡龙成为了暴龙口中的美味大餐。

似鸡龙

生活年代：**白垩纪**

生活地点：**蒙古**

食性：**食肉**

体型：**4~6 米长**

你知道吗？

似鸡龙的骨头是空的。也许正是因为骨头这么轻，所以它才跑得这么快吧！

似鸡龙

可怕的爪子

恐手龙的前肢有 2.5 米长，前肢的末端长着巨大的爪子，有 25 厘米那么长。目前，人们只发现了它们的前肢和爪子。科学家们认为，恐手龙的身体应该有 7 米长，这可差不多有一辆公交车一半的长度了！虽然身子很长，但它的速度仍然能达到 50 千米 / 小时。

 是真还是假？

恐手龙的前肢化石被到处展览。

是真的。 在纽约的美国自然历史博物馆、英国伦敦的自然历史博物馆，以及美国犹他州的恐龙博物馆，都有恐手龙的前肢化石展出。

恐手龙

生活年代：**白垩纪**

生活地点：**蒙古**

食性：**食肉**

体型：**约 7 米长**

恐手龙

爪子

最最快的

似鸵龙是所有恐龙当中跑得最快的一种。它奔跑的速度可以达到 72 千米 / 小时，这个速度要是跑在城市的马路上，可是会因超速被罚款哟！似鸵龙的臀部周围有许多发达的肌肉，这就是它能高速奔跑的动力来源。

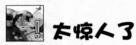 **太惊人了**

恐龙也有速度排行榜！ 如果给这些高速恐龙排名的话，速度冠军就是似鸵龙，它的速度能达到惊人的 72 千米 / 小时。第二名是似鸡龙，速度最快能到 56 千米 / 小时。第三名是恐手龙，速度是 50 千米 / 小时。

似鸵龙

生活年代：**白垩纪**

生活地点：**加拿大**

食性：**食草**

体型：**约 4.3 米长**

13

空中飞龙

翼龙是一种会飞的**爬行动物**，它们的身体被皮毛覆盖，能让肌肉保持温暖。像喙嘴翼龙这种早期翼龙，都长着长长的尾巴。它们会从天空中猛地扑下来，抓走鱼儿或者昆虫。后期翼龙的翅膀又长又薄，这说明它们可以在天空中顺着风翱翔，飞行很长的距离。

 是真还是假?

雌性喙嘴翼龙和雄性喙嘴翼龙的样子是一样的。

是假的。成年的喙嘴翼龙因为性别不同，样子也不同。科学家们发现，成年的喙嘴翼龙大致分为两种形态，具有不同的翼、后肢比例，因此科学家们推断，这很可能是两性异形导致的。另外，喙嘴翼龙还有一种奇特的本领，它们在飞行前，会先晒一会儿太阳，以获得足够的能量。这是不是很像太阳能电池呢？

喙嘴翼龙

生活年代：**侏罗纪**

生活地点：**欧洲**

食性：**食肉**

体型：**1.26 米长**

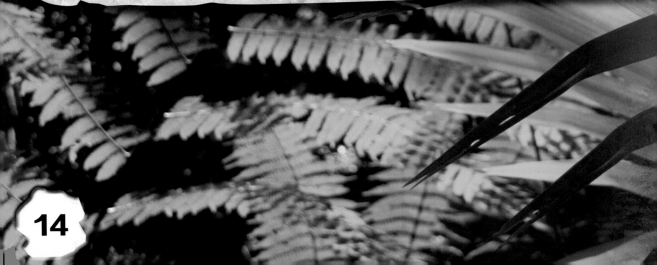

喙嘴翼龙

极速盗贼

伶盗龙是一种食肉恐龙，这个名字的意思就是"极速盗贼"。伶盗龙奔跑的速度相当快，能抓住像原角龙这样的猎物。抓住猎物之后，它就会用后腿上那又大又弯的爪子杀死猎物。伶盗龙在捕食的时候，通常结伴而行，一般会有两只或者更多的伶盗龙一起捕杀猎物。

 太惊人了

一只伶盗龙和一只原角龙搏斗的场景被完整保留了下来！ 发现于 1971 年的一件名为"搏斗中的恐龙"的化石标本，完整保存了一只伶盗龙和一只原角龙搏斗的场景。科学家们根据这两只恐龙的化石推测出当时的情景：在距今 7000 万年前的一个清晨或者黄昏，一只伶盗龙外出觅食，发现一只独行的原角龙，伶盗龙发起攻击，于是两只恐龙搏斗在一起。当它们正在缠斗的时候，突然出现的沙丘塌陷或者沙尘暴，迅速把它们掩埋在了一起。

伶盗龙

生活年代：**白垩纪**

生活地点：**亚洲**

食性：**食肉**

体型：**约 2 米长**

黄昏猎手

　　似鹅龙长着大大的眼睛，在黑暗中也能看得很清楚。它能在黑暗中飞快地到处奔跑，去抓那些昆虫和小动物。西风龙的嘴巴又短又深，也许正是因为这样，它才能咬碎坚硬的植物吧。它的后腿又长又有劲，能飞快地逃跑，不让猎手抓住。

 是真还是假？

　　中国是全世界发现恐龙化石最多的国家。

　　是真的。中国的很多地方都发现了恐龙化石，这些地方包括云南、湖北、四川、湖南西部、山东、浙江、安徽、河北、广东、辽宁阜新、新疆吐鲁番盆地、甘肃兰州、内蒙古等。发现恐龙化石的地方如此之多，你可能在你家后院都能挖出恐龙化石！

似鹅龙

生活年代：**白垩纪**

生活地点：**蒙古**

食性：**食肉**

体型：**约 3 米长**

西风龙

似鹅龙

19

丛林穿越者

似鸟龙体长至少 3.6 米，跟一辆小汽车差不多！但它的体重却只有 54 千克左右，比一个成年人还轻。它的身材非常苗条，跑起来很快。它还会用尾巴掌控身体，来保持身体平稳。这样一来，它就可以迅速地改变方向——哪怕在丛林中全速奔跑的时候也可以！

 是真还是假?

"四条腿"跑得比"两条腿"快。

是假的。 对于一般的哺乳动物，比如四条腿的猎豹、狮子等，奔跑速度是最快的。但在恐龙时代，情况却刚好相反。四条腿行走的恐龙是跑得最慢的，它们只能靠庞大的身躯来保护自己。跑得快的恐龙都是用两条后腿奔跑的，很多跑得快的恐龙的前爪干脆演化得只剩下两根手指了。

似鸟龙

生活年代：**白垩纪**

生活地点：**北美洲**

食性：**食草**

体型：**约 3.6 米长**

似鸟龙

21

　　腔骨龙身材苗条，动作敏捷，大约有 3 米长。科学家们曾经发现，有一大群腔骨龙全都在一场洪水中死掉了。这种恐龙可能是集体出去捕食。在它们生活的三叠纪时期，气候非常干燥，所以腔骨龙也许会在干燥的平原和沙漠中奔跑，去猎捕蜥蜴和其他小动物。

 太惊人了

　　恐龙的粪便也能成为化石！ 恐龙的粪便埋在地下，经过亿万年的时间，就成为了"粪便化石"。这种化石非常少见，因此也更加珍贵。最重要的是，科学家们还能通过"粪便化石"来研究恐龙吃什么东西呢。

腔骨龙

生活年代：**三叠纪**

生活地点：**北美洲**

食性：**食肉**

体型：**约 3 米长**

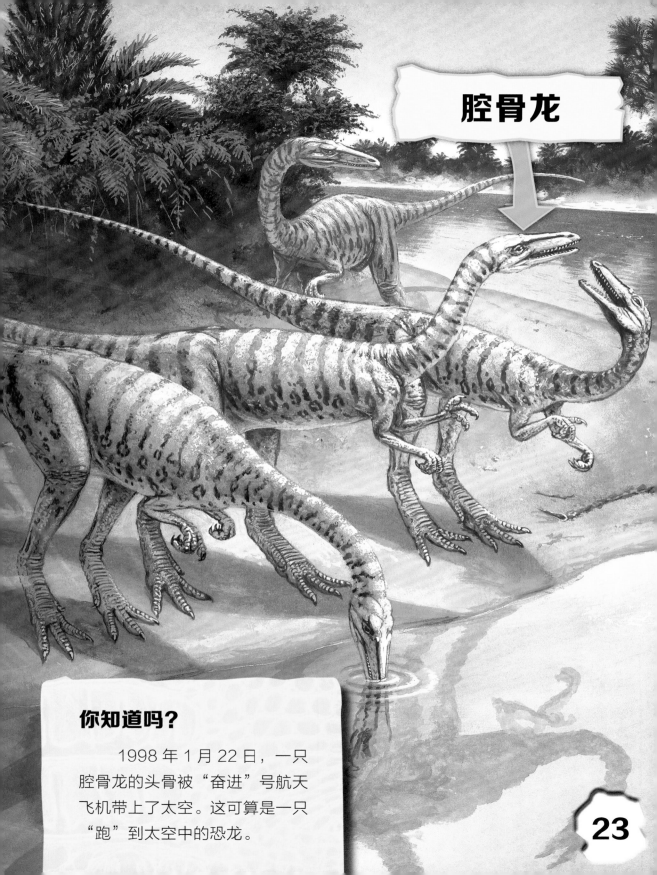

腔骨龙

你知道吗？

　　1998 年 1 月 22 日，一只
腔骨龙的头骨被"奋进"号航天
飞机带上了太空。这可算是一只
"跑"到太空中的恐龙。

23

后肢骨头都长到一起的恐龙

畸齿龙是一种小小的食草动物，它后肢上的骨头是连结在一起的，这样一来，它就能获得一些额外的力量，当遇到其他食肉猎手时，还能够飞快地逃跑。

另一种速度非常快的食草动物，是在澳大利亚发现的雷利诺龙，它大约有 2 米长。

 太惊人了

雷利诺龙的尾巴能当围巾！ 那时，雷利诺龙生活的地方位于南极圈，非常寒冷。雷利诺龙也许会用它那长长的尾巴围住自己，让自己保暖。科学家们还认为，它的长尾巴里面储存着很多能量，能帮助它挨过寒冷、黑暗的日子。

畸齿龙

生活年代：**侏罗纪**

生活地点：**南非**

食性：**食草**

体型：**约 1 米长**

雷利诺龙

畸齿龙

会筑巢穴的恐龙

　　伤齿龙是一种食肉恐龙，体型很小，速度很快，生活在距今大约 7000 万年前的北美洲。1983 年，科学家们在美国蒙大拿州发现了一个变成**化石**的伤齿龙巢穴，里面有不少伤齿龙的蛋。人们认为，伤齿龙的父母，一个负责坐在蛋上，给蛋保暖，另一个负责出去捕食。

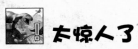 **太惊人了**

　　伤齿龙能进化成人的模样！ 有些科学家认为，如果伤齿龙不灭绝，它将会继续进化，变得更聪明，并且将拥有人类的外形！他们还认为，如果伤齿龙持续进化至今，它的脑容量将接近人类的脑容量，它的前肢也会做出某些抓取动作。这些科学家还制作了未来伤齿龙的模型呢，样子和人类非常接近，他们把这个模型命名为"类恐龙人"。

伤齿龙

伤齿龙

生活年代：白垩纪

生活地点：北美洲

食性：食肉

体型：约 2 米长

27

恐龙化石是在哪里发现的

　　研究恐龙的科学家被称为古生物学家。古生物学家通过研究化石来了解恐龙。科学家们要跑遍世界各地，去寻找恐龙化石。

　　恐龙化石有时候会在遥远的沙漠中被发现，有时候会在农田中被发现，甚至有时候就在你家的后花园中。古生物学家通常要搜寻数周的时间才能发现一处恐龙化石，但运气好的话，可能他们停车的地方就有恐龙化石！

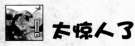 **太惊人了**

　　有史以来最大的恐龙化石在阿根廷！ 2014年5月，阿根廷的特雷利乌市博物馆宣布发现了一具身长超过40米的巨型恐龙化石，这是人类迄今为止发现的最大恐龙化石。这只还未被命名的恐龙生活在距今大约9000万年前，身长超过40米，身高约20米，体重更是超过80吨，相当于14头非洲象的重量！此前，世界最大恐龙纪录的保持者也是在阿根廷发现的，名叫阿根廷龙。阿根廷龙身长超过30米，之前被认为是地球上曾经生活过的体型最大的陆地动物。

词汇表

猎物
被另一种动物吃掉的动物。

哺乳动物
长着皮毛的恒温动物，这种动物的母亲会用自己的乳汁来喂养孩子。

翼龙
一种会飞的爬行动物，生活在距今 2.2 亿年前到 6500 万年前之间。

爬行动物
蜥蜴、鳄鱼之类的冷血动物。

恐龙
一种陆地动物，生活在亿万年前到几百万年前的中生代时期。

化石
植物或者动物的一部分，被埋在岩石里，长达几百万年，甚至亿万年。

索引